豆しばこつぶ

——はじめまして

キリ

産業編集センター

もくじ

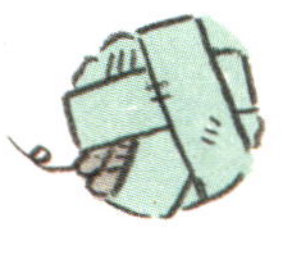

まえがき

じこしょーかい

こつぶ

豆しばのオス。
無口。

キリ

フリーランス
イラストレーター。
近眼。

1章

はじめまして

犬との出会い

こういう犬と
あそぶ、
しあわせな
夢を見ました。
ガバッ
その日から
生活は一変。
すぐにペット可の部屋
に引っこしを済ませ、
やって来たのは…
いらっしゃい、
連絡くれた方？
豆しばの
ブリーダーさんの
お宅です。
ちょっと
まっててね
はい。
この子
今、
生後71日目

ちっさー!!
そっ…
時期的にもちょうどいいね
お母さんのおっぱいを長期間のんでるから
うろ
うろ…
免疫力もバッチリですよ。
クンクン
抱いてみる?
はい
ふ
わっ

やわらかくてふわふわ〜〜!
んー
何か言ってる →
んー
もぞ
もぞ
コートの中に
入っちゃった!!
移動してる!!
もぞもぞ
寝ちゃったね
子犬ってかわいすぎるよ〜!!

ゆずってください
一緒につれて帰る事に決まりました。

両親

つれて帰る前に
子犬の両親に会わせてもらう。
ワンワン
あっちがお父さんで
こっちがお母さん
赤ちゃん、もらってくね
ワン…
…大事に育てるね！
もう？
母
父

小粒タイプ

命名

車こわがるかなー
ガタ
ゴト
ゴト
ガタ
そだ、キミがいつも食べてるごはんわけてもらったよ。
FOOD
小粒タイプ
「小粒」だって!!
あは
キミの名前は「こつぶ」にしよう!
ピッタリ〜
単純→
小粒

?
こつぶくーん

しずか

ガタ
ゴトン
ガタ
ガタ
それにしても
・・・
もうそろそろ3時間たつけど
ガタ
ゴトン
クンともキュンとも言わないね
・・・
ゴト
ガタ
んー
これは息もれ

はじめての家

2016
2/11

ほら ここが こうぶくんのおうちだよー
130kmの道のりをこえてやってきました。
子犬を迎えて一週間はケージの中ですごさせて安心させましょう。
と、きいてたので…
ゆっくり休んでね
ゴク ゴク

犬がうちにいる…
さわったり抱いたりできる。
一緒にごはんたべて
さんぽしてねる。
これからそんな毎日が!?
ギュ～!!
やばい～～
バタ
バタ

スヤ～
ガマン…

なんでもいいと思ってた。

～お皿へのこだわり～

わんこのお皿選びが楽しみだった飼い主
よーし、このお皿で食べてもらおー
ドーゾ
ばし！
あら
カリ カリ
お皿大きすぎたかな

今度は小さめのお皿にしよう
ごはんだよー
ところが
ばし!
ありゃ
ひっくり返すのはサイズの問題ではないみたい。
押さえといてあげるねー
ぐい
キューーン
キューーン
キュン…
トボトボ
え、食べないの!?
まってまって!!
わざとひっくり返してるんだ
?
なんで?
カリカリ
お皿の素材が気に入らないと食べない子もいる。と聞いたので色々試す事に。
いっぱいある〜

素材を替えて
ばしっ
陶器…
メラミン・
ぱしゃあ!
プラスチックも
ダメっぽい。
ステンレス…
ばーん!
…も違うよう。
お皿から食べてよォ〜!!!
くわん
くわん
床ばらまき ≫ お皿
も〜〜〜
カリ
カリ
カリ
くわんっ…
中に残ってるのを
かき出してる

そんなに床から食べたいならもーいーよ
カリカリ
ばっ
せんべい
せめてこのおかしのフタの上で食べてね!
カリカリ
カリカリ
カリカリ
…平皿…?
平皿で食べたいの!?
カリカリ

平皿で正解でした。

ハナがお皿につくのがイヤっぽい。

友人の世界観

おー 犬見にきたよー
おみやげのぬいぐるみ
ようこそ
自他共に認めるドMの友人があそびに来た。
こつぶたーん
ビョッ
ヒー!! はげしい!!!
ビョッ
ちょ
ギャーーッ!!
えっ!!
…え…っっ!!
ビョッ
ちくび喰われる!!
ちくび喰われる!!
ガジッ…

ちくび喰わないで こつぶ!!
ダメっ
ハァ
ハァ
パッ
ごめん… いたかったよね
ハァハァ
いいよいいよ
まだ色々 お勉強中だもんねー
こつぶ たーん
ヒイッ
ビヨッ
サッ
かーらーのー
パシャッ
いい思い出に なったわ
どこが?
ほく

友人の撮った こつぶ↓

実家にて

ただいまー
同じ市内に住む飼い主の実家に来ました。
父
妹
母
ちっちゃ〜い
かわいい〜!!
もらしたぁ
ちー
何か言ってるぅ〜

なんか… ルイ… 思い出すね
ふわ
ルイというのは 8年前に亡くなった
初代犬の事です。
マルプーのメス (マルチーズ×プードル)
うん…
うんっ
ルイも こうして ひとりあそび してた… よねー
母
しなかったよ
え?
よく こうして あちこち噛んどったなぁ?
父
ガジ
ガジ
いや しなかったよ
大人しかったよ
ルイ…
忘れるもん なんだ。
かわいがってたのに

ワン

パピー会

生後4ケ月頃の子犬とその飼い主が集まって勉強する、
こんにちはー
パピー会というものに来てみました。
将来、わんちゃんがどこをさわられてもイヤがらないように
子犬のうちから慣れさせておきましょう。
おやつをあげながら
胸・手・体…しっぽや耳とさわりましょう。
ふわ
ふわ
もふ
もふ
わんちゃんを隣の方へあずけて、色んな方からさわられる事に
…
慣れさせましょう

さわ…
ふわ…
もふ
もふ
ふわ
ふわ
もふふ
ふわ
……
それでは
わんちゃん達を
自由にしてみましょう!

ほーら
いっといでー
大丈夫だよ
ヒモ付けられた
こわくないよー
うろ
うろ
ほわ〜ん
…
プルプル
…
あら
ダッ
こわかったかー
こわがってたらムリさせなくていいですよー

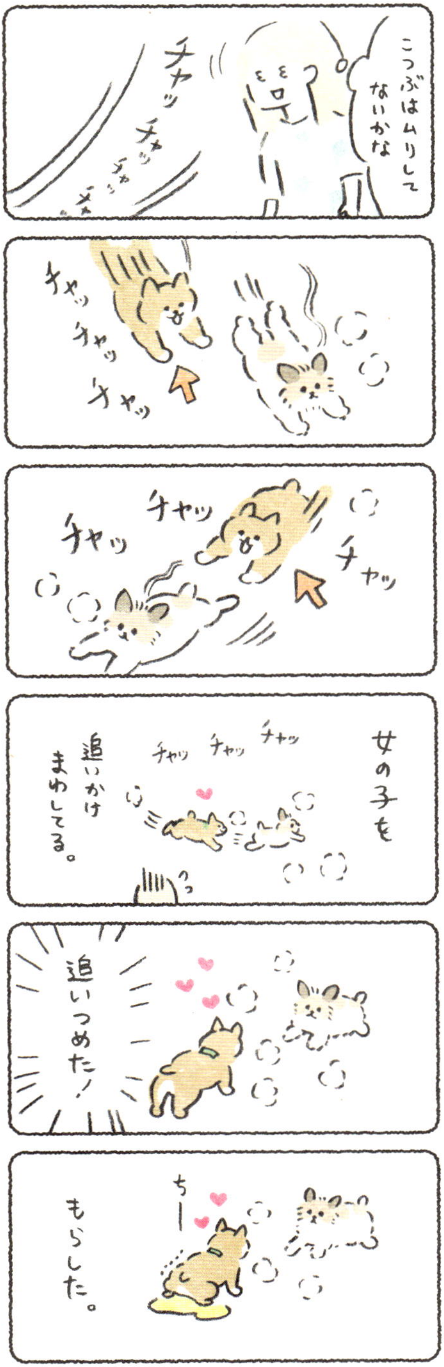
こつぶはムリしてないかな
チャッ
チャッ
チャッ
チャッ
チャッ
チャッ
チャッ
チャッ
女の子を
追いかけまわしてる。
チャッ
チャッ
チャッ
追いつめた！
ちー
もらした。

…
ちー

ファミちゃんと再会

あの子に嫌われちゃったかな
パピー会の事がなんとなく気になったまますごしていたら…
ピピピピ♪
よかったらまた会いませんか？
あの子の飼い主さんからお電話が。
再会する事になりました。
ファミちゃん
こうぶと誕生日が4日ちがいの
ジャックラッセルテリアの女の子。
こんにちは
こんにちは
てれっ
こんにちはー
ファミちゃんのご家族

ファミがうれしそうで、また会えたらなって思ってたんです。
ハッ
ハッ
会えてうれしいです！
あれからどうしてました？
うちはですねー…
ザザ
あっ
ギュルルッ
ちょっとコラ!!
ザザ
アハハ
まってまって
ハァ
ギュルルル
アハハ…
わー
ルルル
ハァ
ハァ
ハァ
ごちゃ
ザザ
まって…
ゼエ
ハァ
ま…
ぐちゃあぁ
まって…
ハァ
ゼェ

なかよくなれた！

ピーピーなるやつ

2章

こつぶといいます。

成犬こつぶ

1年であっというまに成犬になったこつぶ。
体重は6kgでストップしました。
ゲフ
ごはんより
あそびが好きで
部屋のどこでもついて来ます。
来なくていーのにー
もー
抱かせてよ
ビヨッ
スッ
…

新商品

新発売の犬クッキーだよー
ヒョイ
クチャ
クチャ
クチャ
クチャ
クチャ
クチャ
クチャ
クチャ
クチャ
クチャ
クチャ
クチャ
すごく上アゴにくっつくやつだった。
クチャ
クチャ
クチャ
クチャ
クチャ
クチャ
クチャ
クチャ

そして取らせない

ビビり

ビクッ
ヘーックショ
っっっ
クン
クン
マア〜オ
…
さっ
ぴく
ぴく
ぴく
ぴく
↑排水溝
ガサッ
あのガサッってなんだったんだろう

帰りたくない

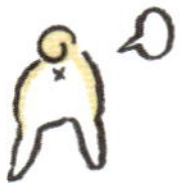

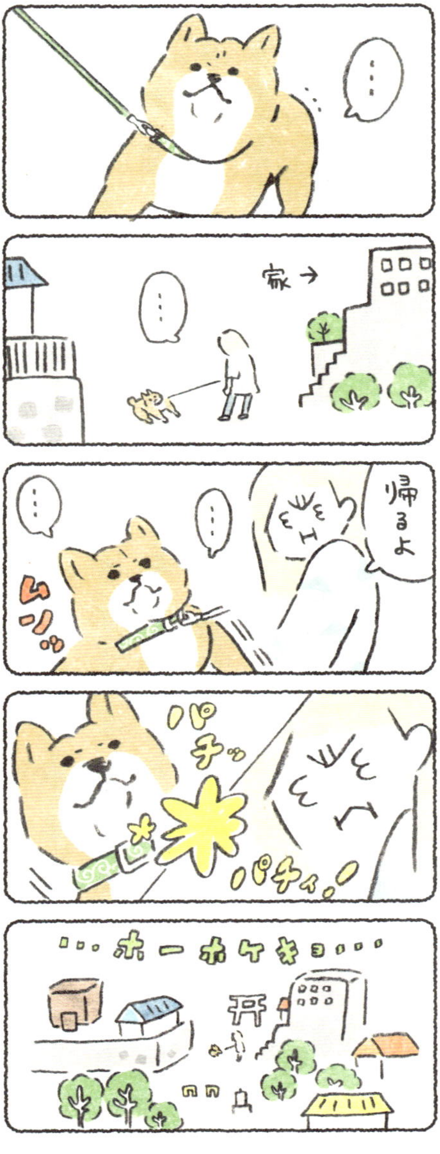
・・・
・・・
家→
・・・
・・・
帰るよ
ムーッ
パチッ
パチィッ!
・・・ホーホケキョ・・・・

…
…
…
ビンッ
……
ぐぐ‥
タン
タン
タン
かーえーー~
ろ~~~~~
ビンッッ!
よっ!!!

おいでー
イイコ〜
じゃ帰ろ
ビンッ
ムリヤリ引っぱったりして
ぐいっ
ズッズッズ〜
もお〜〜!!!
しょーがないなー
ゴツゴツ
はい!!おやつ!!
…

…
…
かかえっ
よいしょ
また夜行くからさー
バタン
ごくごく
ごくごく
…
帰ったら
帰ったで
うれしそう

気になる目線

トイレトイレェ…
ダダッ
ダダッ
あ、やーめーてー
ガシッ
もー
はずかしーってば。
じー…
閉めるよ
えっ?
じー
どこ見てるの?
上になんかいるの!?
じ
トイレでその目はやめて!!
今無防備だから!
ゾッ

"新品の"ゴムボール

"新品の"サッカーボール

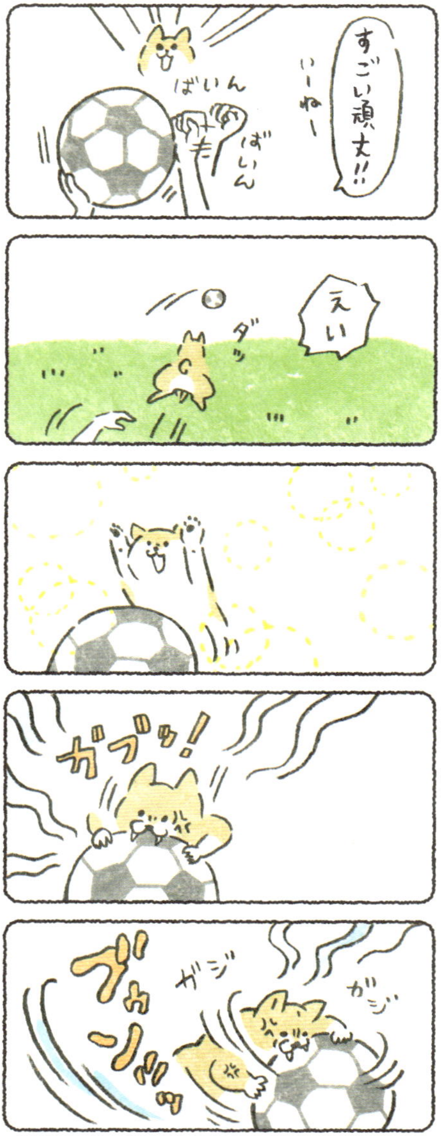
すごい頑丈!!
いーねー
ばいん
ばいん
えい
ダッ
ガブッ!
ブゥーンッッ
ガジ
ガジ

完全に殺《ヤ》りにいってる。
あそぼーよー
ガジ
ガジ
でもさすがに頑丈すぎかあ(笑)
ガジ
え
フッ
のし
のし
ガーン
のっし
のっし
のっし
サッカーボールが歩いてるみたい

?
ころがらないね

ヘンなクセ

そっ
もみっ
ペロッ
もみ
もみ
ペロペロ…
もみ!
もみ
もみ
もみ
ペロ
ペロ
ペロ
ペロ!
もみ
もみ
もみもみ
もみ
もみもみ
もみもみ
もみ
もみ
ペロ
ペロ
ペロ
ペロ
ペロ
ペロ
ペロ

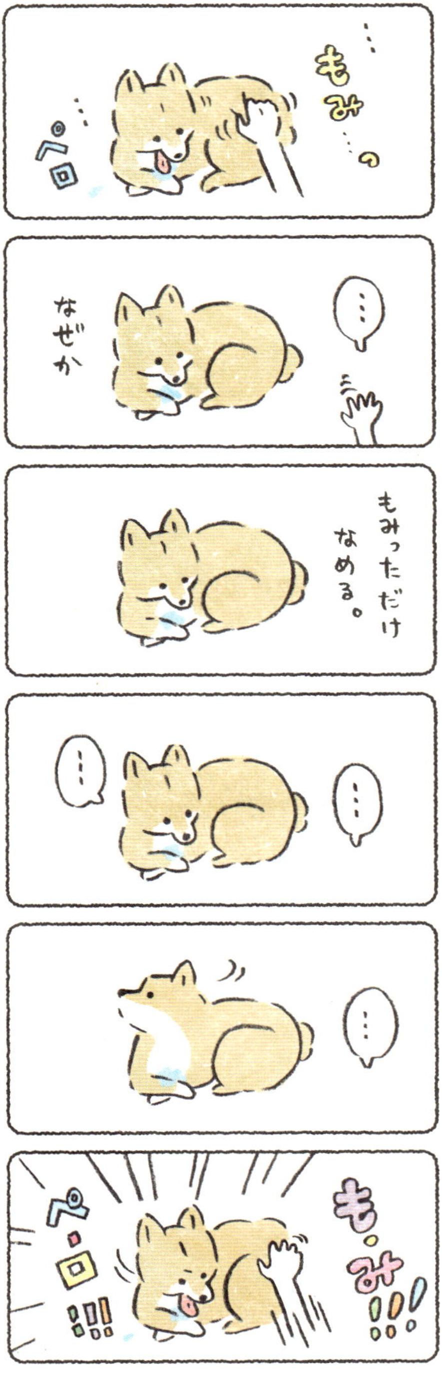
…もみ…っ
ペロ…
…
なぜか
もみっただけ
なめる。
…
…
…
もみ!!!
ペロ!!!

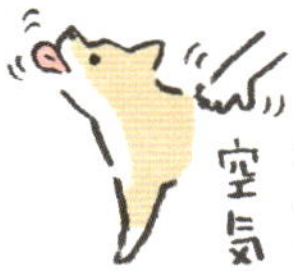

立ってる時にかまると
空気をペロペロ

一番好きなもの

いつの間にか、ピーピーなるおもちゃが大好きになっていました。
ピ
最初はゾッとしてたのに…
ピー!
ピー!
ピー!
夢中だねー
ピー!
ピー!
ピー!
ピー!!
ピッ
ピ!!!
1分後
またか…
スコ…
(次の!! 次の!!)

1個 →
300～1200円
元ピー
もうこんなにこわしちゃってる
(次の)
ある日
これ、今大人気で!
すっごくこわれにくいんですよ。
ピー
じゃあひとつ…
ピー!
ぐにっ
こわれやすそうだよ…
ほら、これこわれにくいってよ。
ピー
ピー!
ピー!
ピー!
ピー!
ピー!
ピー!
ピー!
ピッ!
ピー!
ピーー!
ピーーッ
ピー
ピー!
ピー

記録32秒でーす
ハーイ
ピス
ピ
スコスコスコスコスコスコスコスコスコスコスコ
スコ!
スコ…ッ
ポト
興味の失いちょ
……

使いすてるつもりで作る事にしました。

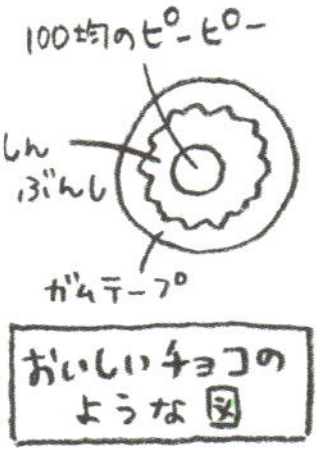
100均のピーピー
しんぶんし
ガムテープ

おいしいチョコのような図

これでもち時間が1分から5分にのびた!!

3章

犬と人の

釣り場にて。

ぬれるの好かん

夏のまつりと屋台

夏まつり
夏まつりは
初めてです。
ここはいちめん
芝生でいいね！
おまつりは
楽しいよー♪
まつり
8/7
おいしい物もビールも
どっさり!!
こつぶには
特大ボイルササミ
を大サービス!!
ぐび
おいしーね!!
はぐ
……
はぐ

干しアキレス腱もあげちゃおー!!
ごく
にっちゃ
うまい
うま!!
…
にっちゃ
夏まつりサイコー!
プハーッ
にっちゃ
にっちゃ
でもあづい…
…そだ!!
ハッ
ハッ
バタッ
かき氷1つ下さい!
はいよ
氷
みつかけほうだい
自分でみつ、かけてね!
やった~♡
トンッ
みつ、かける前に半分わけとこ。
こっぷはプレーンかき氷ねー
(味がないだけである)

いそげ〜
さ、おまたせ
自分のはブルーハワイ味↓
ハッ
ハッ
ペロ…
!
シャク
シャク
シャク
シャク
!
!
冷たくて生きかえるねー!!
シャク
シャク
シャク
シャク
まもなく、ステージライブが始まります。皆さまどうぞー
シャク
シャク
まにあったー

・・・こつぶー
夏まつり、また来ようねー
ゲプ
ゲプって

こつぶバッグの中身
水
フード
おもちゃ
お皿
トイレシートとタオル
夏にバッグも車につんでたらジャーキーくさった
ウェットティッシュ
うんち袋
クッキーとかジャーキー
ワクチンの証明書
夏は虫よけスプレー
予備のリード
ドッグランやドッグカフェで見せる
冬は予備で服

こつぶの訴え

こつぶは言葉を話せないけど
くあー
用事があれば訴えてくるようになってきた。
よーし当てるぞー
んー
ごはん？
当たったー
ペロッ
壁をがりがりしたら
がり
がり
（さんぽ）

おもちゃをもってきたら
（あそぼ）
こんな具合に。
そしたらある日、
難問をもちかけてきた。
ごはん？
フィ
あれ？
なにー？
さんぽは行ったし…
おやつ？
？
フィ
ちがうの？
んー？
ん？
ててて…
え、もしかして…
服？

無抵抗 →
ててて…
まんぞくした!
ぽすっ
服を着たがる
犬もいるんだあ
ぐー
キミはもともと毛皮着てるんじゃないの?
そんなに着て暑くないの?
ねーねー
…
こつぶは言葉を話せない。

ズリリリリ

「もう脱ぎたい」の合図

オスに生まれて。

キャー♡
さわっていいですか?
ドーゾー
かわいー♡
くすぐったーい!
ありがとーございましたー
もういいから
ダッ
あー
犬だー!!
…
犬かわいーなー!
よしよし
無
…
…
…

おひるね

ファァ!
寝言だ
ププ
ファッ…
ファファッ!
手足まで動かしてる~
ファ…
ぱ
ぱぱ
ぱ
ファァ!
ぱぱ
ぱぱ
ぱぱ
あ~撮りたい ムービー撮りたい~
ファフ…
ファァ。

撮りたい時ほど撮らせない。

傍若無犬《ぼうじゃくぶけん》

消したね
…
消した
フー
いだだだだだ
ハッハッ
ほりほりほり
も〜こつぶー!
かまってほしいの?
こっちにおいでー
スイッ‥

欲深い飼い主

おすわり
おて
いいこー
やった！できた！
これはイイ!!
楽しい!!
イエーイ
もっとふれあえる技を考えよう
あくしゅー
あご
何かないかな
チュ
何かないかな

これはイイ！次はこれを教えよう！
…
（真顔）
youtube頼み

それぞれの缶ヅメ

フード空だ!!
ゴハンまってる
何か他に~~
あ!犬用缶ヅメ1個あった!
おいしー?
バク
バク
たまには缶ヅメもいーねー
もう食べちゃった!!
アハハ
ペロッ
カラ
別の日
お昼…
何食べよーかなー

ツナ缶あったー♪
アレ食べよー
ツナマヨと目玉やきのせトースト
パキッ
にゅー
ん？
フンフン
フンフン
フンフン♪
どしたのー？
？
？
？？
オスワリッ

えー?? 何? 何が言いたいの?
…って あ!?!
ツナ缶と犬用缶って
匂い ソックリだ!!!
犬
ツナ
トン
ごめんねー コレ こつぶの缶ヅメだと思ったの?
こつぶは食べられないの
キラ キラ
それにさっき先にゴハン食べたでしょ。
その眼差しやめてぇぇ
ああー
それ以来、ツナ缶を開ける時は
おやつもらった
コソコソ
コソコソするようになった。

いそいで食べる。
こつぶにバレると気の毒だもんね。
バク バク

それでも無口

…

いそがなくちゃ!!
ハーネスつけて
こつぶバッグもって
入って入って!!
よしよし!!
さ!行こ!!!
…
まにあうかなー
メリ…
言ってよ～
目的地で気づいた。
…

遠吠え
ピチャ
ピチャ
ピチャ
ピチャ
…アオ〜〜〜〜ン
遠吠え
ピチャ
ピチャ
ピチャ
あ
あおー
おーん
アオーーン
あおー
おーん
ゲプ
…
オーン
こつぶは遠吠えの返事、しなくていいの？

お〜ん
…
あおおぉん
アオォォ
…
おぉーん
オーン
あおおん
オーン
興味なしか(笑)
そのうち急にやりだすかもね
おーん
やーめーろー
"そのうち遠吠えするかも"
ある日、その予想が本当になった。

あお〜お゛〜ん
おお…
あおーーん
遠吠えしてる！
あおーーん
お〜ん
寝ながら!!
お゛、
起きてる時はした事ないのに！
…
…
？
あ、ごめん
おこした

どんな夢でそうなるの？

お〜ん

納豆が食べたい

あー
ズム
（オカワリ）
また納豆だけ食べてるー
フードも食べないとダメよー
…
カリ…
カリカリカリカリ
カリ
…
（食べたからオカワリ）
納豆ほしさに言語が通じた。

じ〜

VS ねこ

おーーい
ブチブチィィ!!
おおーーいーー
強そうなの来た
のしのし
おおへーーい!!
おおおおおいーいーい
キャヒッ!
(※さわられてはいない)
おおおおい
不戦敗。
明日もその次も一緒に逃げようー
おーーい

イライラ
イライラ

肉球

あのーちょっとー
すみませーん
あー今日も
いいポップコーン
作ってますねー
おやつでつる
なんておいしそーな
ポップコーンの香り
(実態は汗のにおい)
犬なんて
ただでさえ
かわいいのに
足の裏から
ポップコーンの香り
までするなんてさ
……
〜〜!!
ポポン
言葉にならない
気持ちがばくはつ
する時があります。

ポン

あそびたい深夜

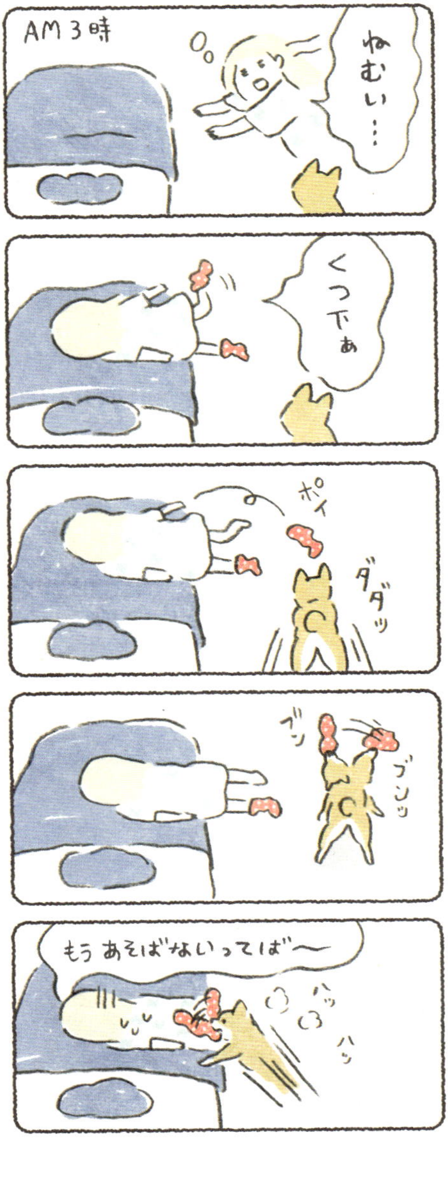

こつぶがおもちゃにしちゃったモノ

その7 トイレットペーパーの芯

なげて…
ポーン
コロコロ…
追いかけて…
バッ
ちぎりたおす!!
バリィ
ビリ〜

このおもちゃの生い立ち

ある日とつぜん
ひとりであそんでいた。
（たぶんゴミバコからひろってきた）

飼い主の声

あまり衛生的じゃないので
やめてほしいですね。

4章

ありふれた、

2度寝の前に

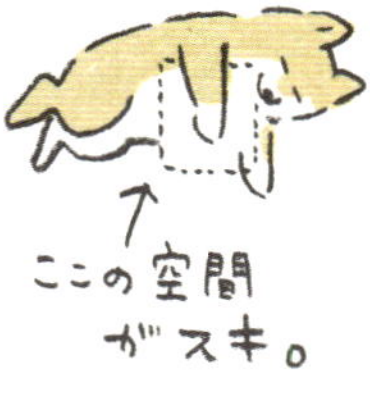

ボールはまかせて

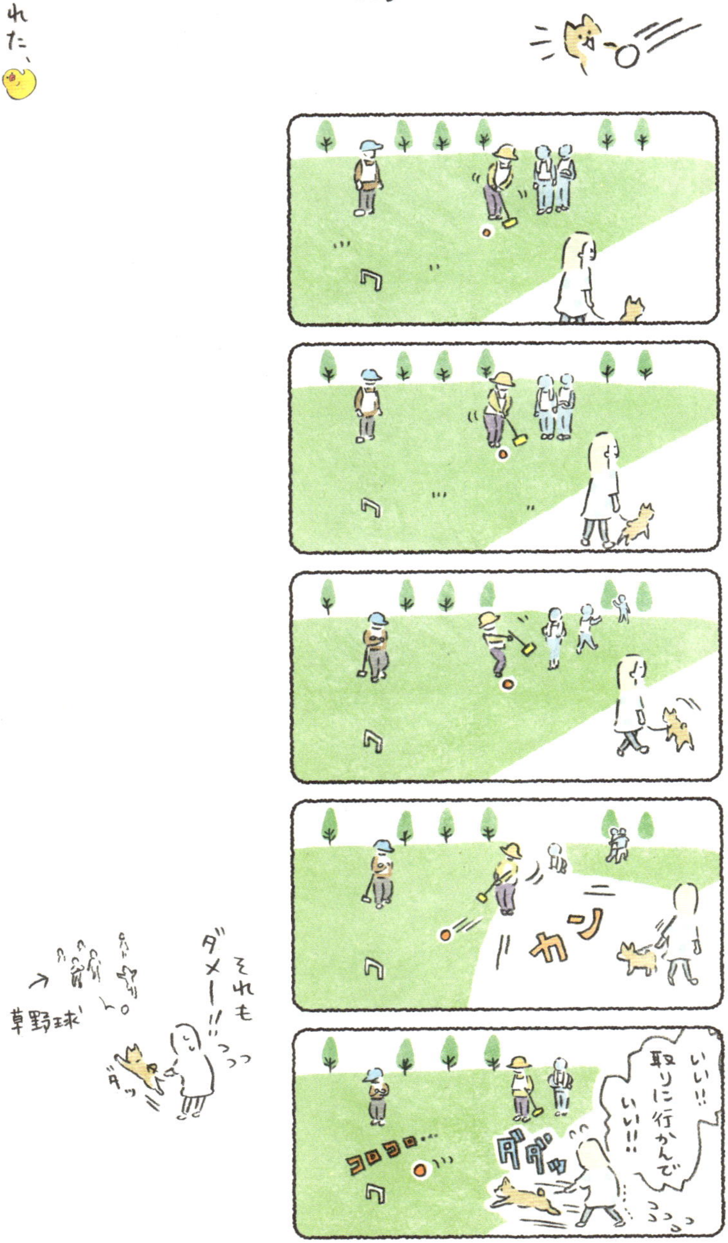
カーン
コロコロ…
ダダッ
いい!! 取りに行かんでいい!!
草野球
それもダメー!!
ダッ

秋

はこびます。

どこでもあごおき

さんぽに飽きた。

いーから
行くよ〜〜!!!
ガゴッ
サッ
もぉ〜〜〜!!!
ダンッ
ハッ ハッ ハッ
前に進めん
でしょーが!!
ハッ ハッ
こんな道ばたで
あそべんってー!!
ハッ ハッ
もーっ

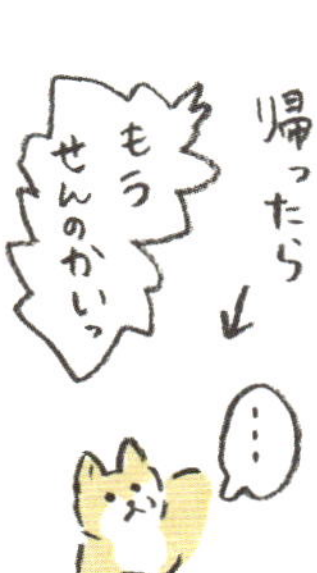
帰ったら
もう
せんのかいっ
…

2日間の別れ

実家
2日ほど預かってくれる?
妹
いーよー
ダダッ
行ってきまぁ〜す
行ってらっしゃーい
ダダッ
こつぶって預けられるとどうなるんだろう?
ポヨ♪
妹からだ!!
"おやつ食べてるよー"
< 妹
楽しくやってるみたい

ポヨ♪
かわいがってもらえてよかった
"シャボン玉におどろいてるよー"
あはは
足元がなんだかすごく物足りない。
犬の存在って大きいな～
ついよそのわんこを見ちゃう。
じー

既読 13:40 もっと写真ちょーだい

また？ 13:52

再会

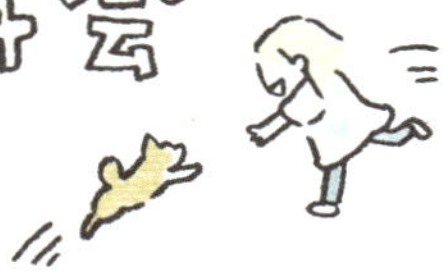

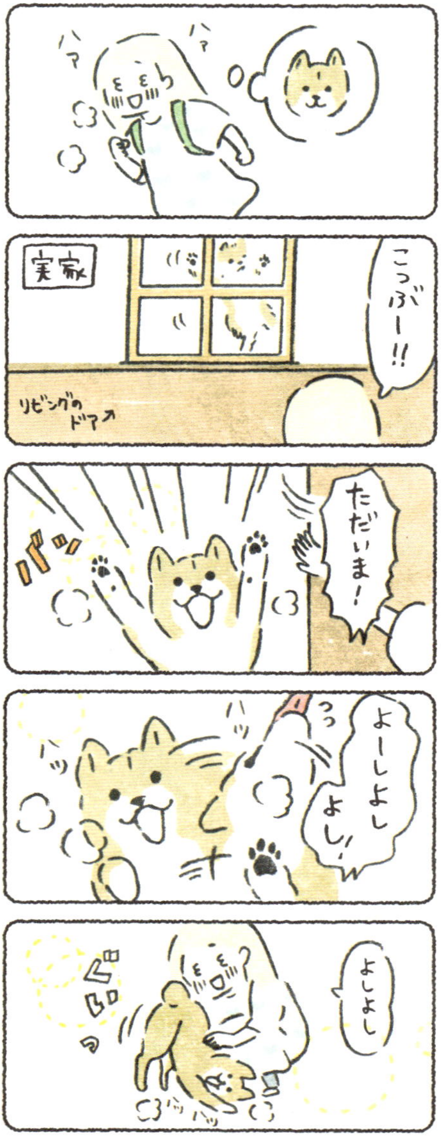
ハァ
ハァ
実家
こっぶー!!
リビングのドア↗
バッ
ただいま!
ハッ
ハッ
よーしよしよし!
ぐるっ
よしよし
ハッ

よしよし
わっ
わっっ
うれしくておしりを上げて押しつけてる←
ハッハッ
わっ
どてっ
どてっ

よろこび方が独特
しり

隠語

シーッ
ねー、あれ
ポンサかな
ポンサっぽいね
ポンサって何?
それより
さんぽに
行きたがって
ない?
今行けないから
分からないように
話してたのに!
こうぶちゃん
期待しちゃった
じゃない!!
かわいそうに!!
そこまでする?
するよ!!
トンットンッ
おこられちゃったー
ビョビョ

さわられたくない NO

今そういう気分じゃない。

ファミちゃん家族と ドッグラン

ピチャ
ピチャ
ピチャ
ハァ
ハァ
スッ
スッ
ダッ!
ダダダダ!!
サッカーする?
しよしよ!
いくよー
うん
ダダダダ

よっ
ドッ
ヒュン
はーい
ゾン!
トス
すごいキック力!!
ドドドド
ハッ
ハァ ハァ
こつぶが先にバテたー
あはは
ハァ ハァ
まだやりたいらしい
スッ
帰りの車は夢の中
フー

スーパーのふくろ

プク〜
こつぶのおやつ入ってるよ
…
こつぶ
ガサ
なんで頭つっこむの？

・・・
・・・
バッ
なんで動かないの？
ガサ
この中にねー
？
ほら!!
おやつ!!!
バッ

これが見たくてわざと床にふくろを置いてみる。
ガサ

高まる鼓動

ドッドッドッドッ
ドドドド
ガラ…
ドドドド
ドドドド
ドドドド
そんなにおフロいや?
ドドドド
キャ
ヤせっ

こつぶがおもちゃにしちゃったモノ

その2

カラのペットボトル

カランッ
予想しない
方向に飛んでいく
エキサイティングな
おもちゃ
コンッ
←ココを
かみたがる
ギュルル
コンッ!!
自分で
なげて
自分で追う
くわえてると
口の中が見える

このおもちゃの生い立ち

ある日とつぜん
ひとりであそんでいた。
（たぶんゴミバコからひろってきた）

飼い主の声

ころがす音は結構うるさいです。
歯ぐきに血がにじむ程
カミはじめたのでやめてもらいました。

5章

楽しい毎日。

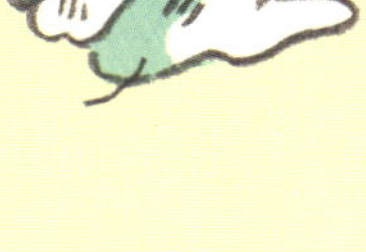

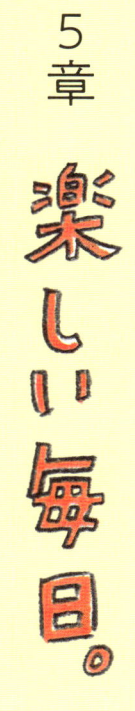

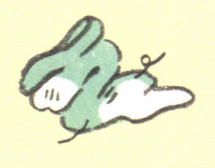

食べないで

くっちゃ
くっちゃ
くっちゃ
くっちゃ
くっちゃ
ん？
ギン！
こら!!!
何食べてんの!!!
出しなさい!!!
開けなさいいいいいいい〜
ぐぐぐ
ぐ
ぐ
たばこの吸い殻じゃん!!!
ぐぐっ
うわあああ!!!
出して出してェ!!!

この時の顔ときたら
くっちゃ
くっちゃ

ササミが焼けるまで

ぐび
いい
においだねー
まだだよ

焼けたかなー
いいカンジー
ほかっ
こつぶ用のホイル焼もいいねー
ほかっ
味つけなし
あちちっっ
おいしそー
こつぶの冷やしてくるねー
ソワ
ソワ
さ 食べよ食べよ
ソワ
ソワ
キ
ベロが出てる！

出てる。

だまされない

教えたい。

ゴクゴク
ごくごく
ごくごく
あれ？
こっぷ、コレ内側からも飲めるんだよ。
カチャカチャ
ほらココ。
ぬ
わざわざ外に出なくていいの。

ちがう ちがう
ごく
ごく
ココだよ、ココ
カチャ
カチャ
ちがうね。
ごく
ごく
ごく
あのね、そこじゃなくて
まあ別に
そこでも
いーんだけどさ
これ見てんのかなぁ
カチャ
カチャ

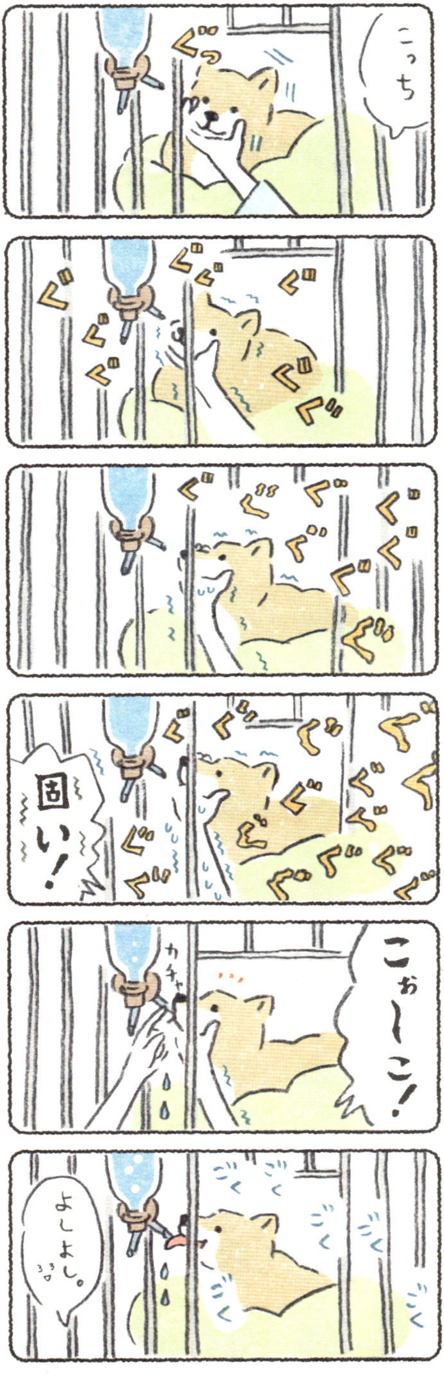
ぐっ
こっち
固い！
カチャ
こぉ〜こ！
よしよし。
ごく ごく

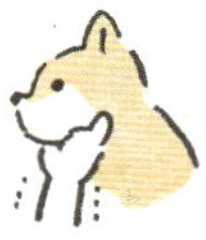

こういう時
やたら
固いの
なに？

さんぽに 行きたくない ～人間編～

カリ…
(さんぽ行こ)
行きたくない…
本日は閉店しました―
カリ…
おむふ
聞いた事ないひくい声でた。
さんぽでしかトイレしない。
(室内トイレ訓練中)

さんぽに行きたくない

～こつぶ編～

知らぬ間の成長

向こうの部屋に行きたい →
ガリ
ガリ
実家
ガリガリ
ガリガリ
ガリ
ガリ
ガリ
ガリガリ
あっちはダメー
どーせ開けれないからほっとこ
まーいーか
したり

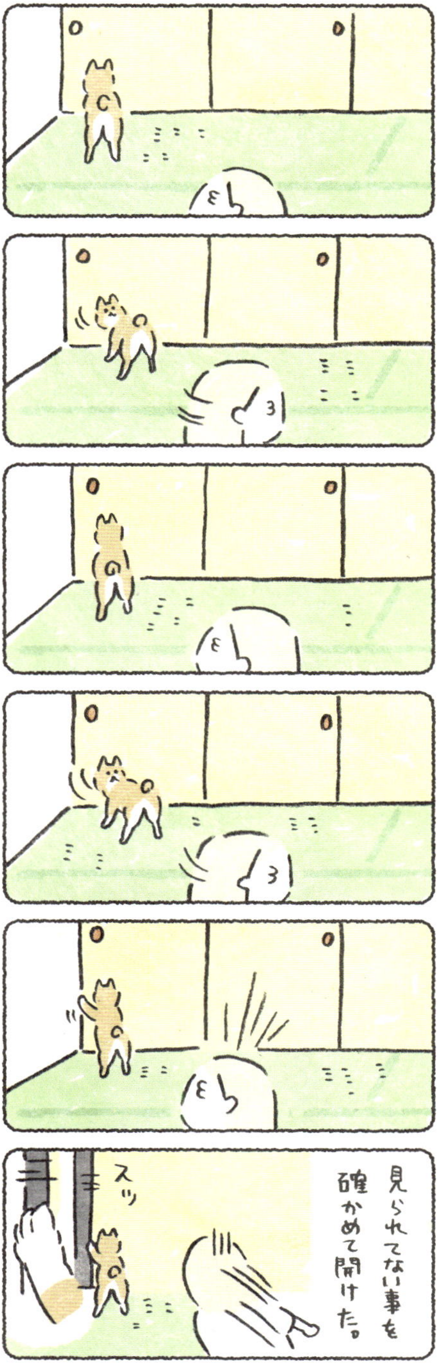
スッ
見られてない事を確かめて開けた。

本当は開けれる？

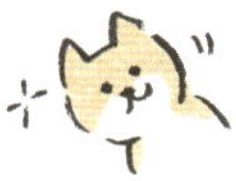

しつけのトレーニング教室

動物病院でおびえる子にも使える方法だそうです。（5コマ目から）

大好きなおやつを5種類くらい用意しておきましょう
レバー
ササミ
チーズ
クッキー
市販のジャーキー
大好きなものでないとごほうびになりませんよ！
では、良い行動をした時におやつを与えて下さい。
おすわり
ストン
おりこう〜
おやつハイ
いいですね
なんかプロのトレーナーさんみたい
かっこいい
う〜んそうですね、ごほうびはもっと小さく切って下さい
え？
このくらいに。
5mm角
ちまっ
ちっさ!!!
こんなので満足するんですか？
ふきとびそう
わんちゃんは大きいおやつも小さいおやつも同じ一つなんです。
小さいおやつにしてたくさんほめたちが
わんちゃんは学習意欲がわき、よろこぶんですよ。
いっぱい!!!

見えない所でカットしよう、と思った。

後部座席

ワン!
ワン!
…
ワン!
ワン!
…
こつぶって無口だよねー
ワンワン!!
そんなこつぶも
車に乗ると変わる。
あおおお!!!
……えっなに?
あう゛う゛
おしっこ?

あ゛あ゛お
おおんん
まって
まって!!
はい
行こ!!
ウンチが
したかったのね。
せつないカオ
サッ
さー
行こか
…
カチ
…
…

？
うノ゛ぐ。。
…
寒いのかな？
カチ
…
…
ブオー…
ブオー…
今度は何ー？
あお゛お゛ぅ
またウンチだった！
↑せつないカオ

天上にこつぶが見れる用の鏡が貼ってある。

干し肉

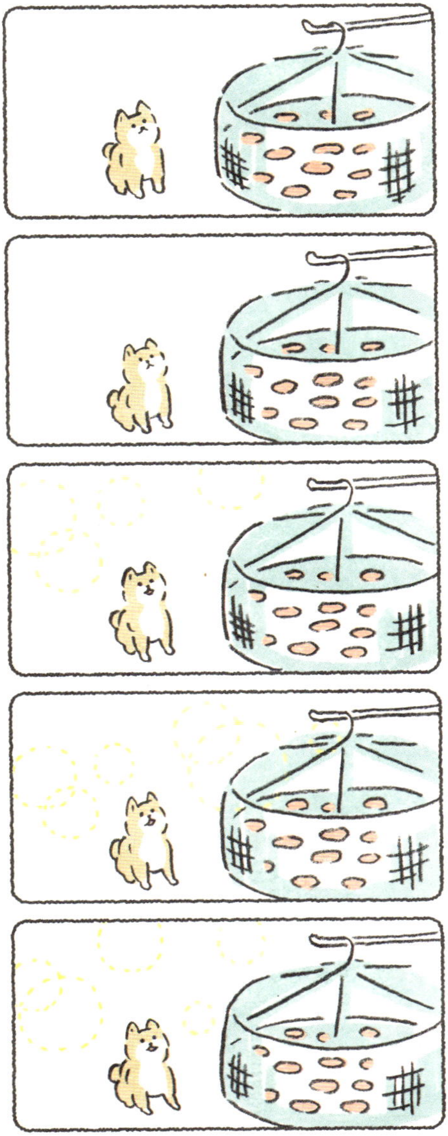

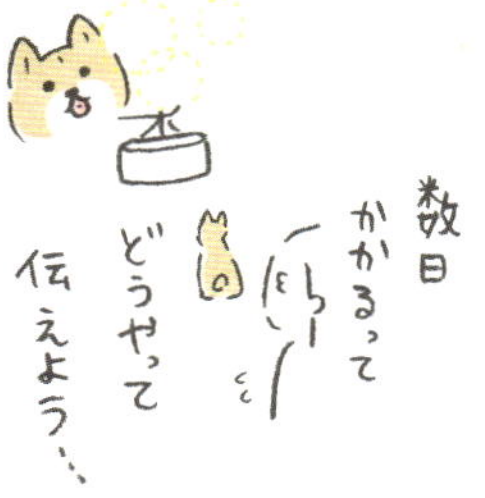
数日かかるってどうやって伝えよう…
ほらー

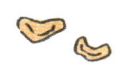

あれがほしい

うん、じゃーまたねー
？
何してるのー？
ハッ
ハッ
？
ピーピー
かくしてたのばれてる…
ハッ
ハッ

かくしてもムダなのね…
ピー

なにが？

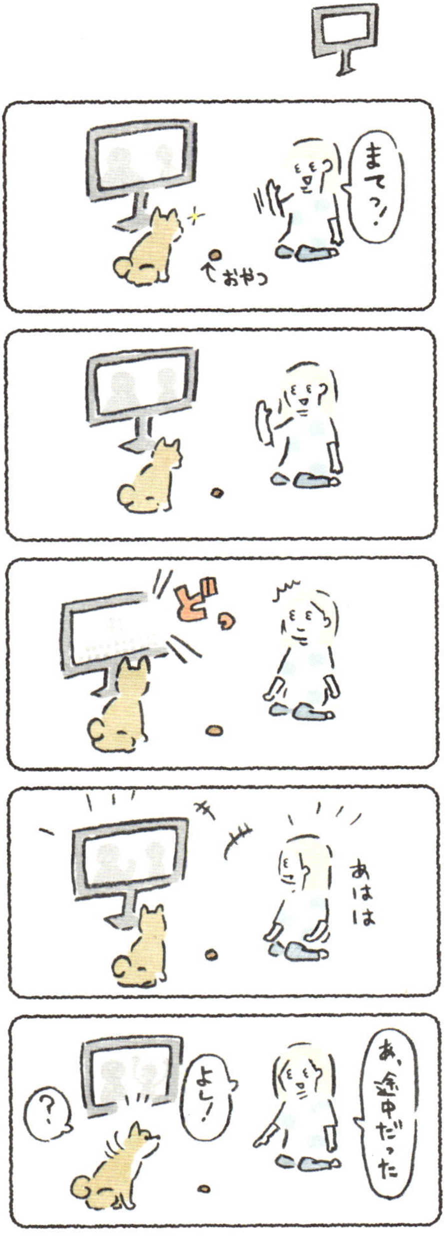
まてっ!
おやつ
ど
あはは
?
よし!
あ、途中だった

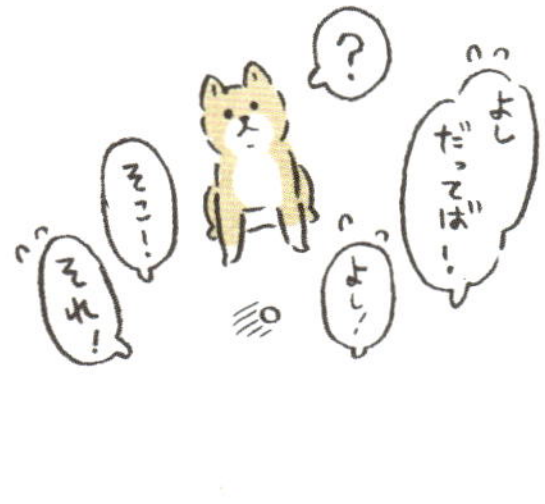
?
よし だってば…!
よし…
そこ…!
それ!

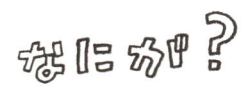

こたつ

すっぱ!!
フー
ごく
ごく
ピチャピチャ
…

んー
お茶いれたよ、
わーうれし
プゥ
ちょっとー
ドヤッ
バタッ
ムワ。。
パタパタ

こつぶがおもちゃにしちゃったモノ

その3

めんぼう

あ!!!

まず
ぬすんで、

くちゃ
くちゃ

少しかじりながら
人間を挑発。

コラー!!

追いかけっこに
持ちこめれば成功です。

ダッ
返しなさい!!

このおもちゃの生い立ち

めんぼうに限らず
・シュシュ・えんぴつ
などあらゆる物で
自然と始まった。

飼い主の声

やめてほしい

あとがき

こつぶ、2歳の誕生日おめでと～!!
?
お誕生日会するよ!
ドッグカフェ
<わんこメニュー>
牛の心臓のボイル
すごいメニューだ!!
ドッグラン
見知らぬわんこに追いかけられてる!!
ダダダ!!
パシャ
スペシャルなごはん
わんこ用のハンバーグセットだよ
ほぐしてあげるねー
こつぶ、2歳
(2017/12/3)
はぐ
はぐ
?
?
?
今日は何だか、ちょっといい日。

この度は
とくにオチのない
こつぶの日常を
読んで頂き
ありがとう
ございました!

ペコリ

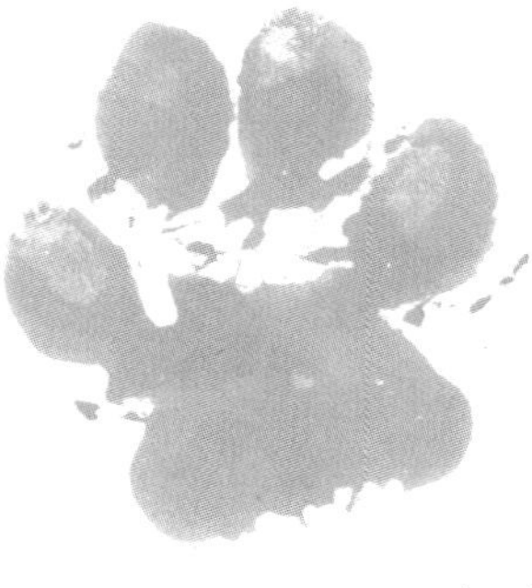

実物大

こつぶの きき手（左）

キリ Kiri

1985年生まれ。
DTPデザイナーとして勤めながらイラストの仕事を受け持ち、後に独立。
現在はイラストレーターとして書籍、MOOK等でさし絵を描く他、PRポスターのイラストなども担当。

HP［キリイラストレーション］
http://kiriillustration.com

協力：Dog School VaBene 代表 河野加代子

豆しば こつぶ ——はじめまして

2018年6月13日 第一刷発行

著者 キリ

ブックデザイン 清水佳子（smz'）
編集 福永恵子（産業編集センター）

発行 株式会社産業編集センター
〒112-0011 東京都文京区千石4-39-17
TEL 03-5395-6133
FAX 03-5395-5320

印刷・製本 株式会社シナノパブリッシングプレス

ISBN978-4-86311-194-3 C0095